Monica Torres Barrios
Carlos A. Mendoza Jacomino

SUSTENTABILIDADE UNIVERSITÁRIA

Monica Torres Barrios
Carlos A. Mendoza Jacomino

SUSTENTABILIDADE UNIVERSITÁRIA

A VIAGEM DE ALEJANDRA

ScienciaScripts

Cover image: www.ingimage.com

This book is a translation from the original published under ISBN 978-613-9-41207-5.

Publisher:
Sciencia Scripts
is a trademark of
Dodo Books Indian Ocean Ltd. and OmniScriptum S.R.L publishing group

120 High Road, East Finchley, London, N2 9ED, United Kingdom
Str. Armeneasca 28/1, office 1, Chisinau MD-2012, Republic of Moldova, Europe
Managing Directors: Ieva Konstantinova, Victoria Ursu
info@omniscriptum.com

Printed at: see last page
ISBN: 978-620-8-52720-4

Índice

Introdução

Nos últimos anos, a sustentabilidade estabeleceu-se como um princípio fundamental na luta contra os desafios ambientais globais. A necessidade de proteger os nossos recursos naturais e de reduzir o impacto da atividade humana no planeta nunca foi tão urgente. Neste contexto, este livro narra o percurso transformador de Alejandra, uma jovem estudante de engenharia industrial que, ao entrar na universidade, começa a associar os conhecimentos adquiridos a um profundo compromisso com a sustentabilidade.

Através das páginas de *Sustentabilidade Universitária: A Viagem de Alejandra*, o leitor entrará nas experiências de uma estudante que, desde os seus primeiros passos na universidade, se questiona sobre o seu papel nos problemas ambientais que afectam não só o seu país, a Nicarágua, mas o mundo inteiro. Influenciada pelos seus estudos sobre sustentabilidade e ambiente, Alejandra decide iniciar um processo de mudança pessoal e colectiva, começando por pequenas acções quotidianas destinadas a reduzir a sua pegada ecológica. No entanto, rapidamente se apercebe que a verdadeira transformação exige uma abordagem colectiva, a colaboração com outros estudantes, professores e comunidades locais.

Este livro documenta não só os esforços de Alejandra para reduzir o consumo de plástico, melhorar a eficiência energética da sua casa e promover a sustentabilidade na sua universidade, mas também o seu envolvimento em iniciativas mais alargadas. Através da sua participação em projectos de compostagem, da criação de uma horta comunitária e da proposta de um centro de inovação de energias renováveis, Alejandra consegue inspirar as pessoas à sua volta e, ao fazê-lo, iniciar uma mudança no seu ambiente imediato. Ao longo deste processo, descobre o poder da colaboração, a importância da educação ambiental e a necessidade de integrar a sustentabilidade em todas as áreas da vida quotidiana.

Com uma abordagem abrangente que engloba a economia circular, as energias renováveis e a gestão responsável dos recursos naturais, este livro oferece uma reflexão aprofundada sobre a forma como as universidades podem ser espaços fundamentais para promover o compromisso com o ambiente. Destaca também como as acções locais, por mais pequenas que sejam, podem ter um impacto significativo se forem levadas a cabo com visão e dedicação.

Nesta história, os leitores encontrarão não só uma história de transformação pessoal, mas também um apelo à ação. Alejandra, tal como outros jovens empenhados na mudança, demonstra que é possível um futuro mais sustentável, desde que cada um de nós esteja disposto a fazer a sua parte e a trabalhar com outros para ter um impacto positivo e duradouro.

Prefácio

A sustentabilidade tornou-se um imperativo global que transcende as disciplinas e os sectores, desafiando-nos a repensar as nossas acções e responsabilidades para com o ambiente e a sociedade. Neste contexto, University Sustainability: Alejandra's Journey é apresentado como um trabalho que explora, de uma perspetiva académica e prática, o impacto das decisões individuais na transformação colectiva para um futuro mais sustentável.

Este livro relata o percurso de Alejandra, uma estudante universitária cujo percurso pessoal e académico ilustra a forma como a incorporação de princípios de sustentabilidade pode provocar mudanças profundas em diversos ambientes. Desde as suas primeiras experiências na sala de aula até à implementação de projectos de grande impacto na sua comunidade e universidade, Alejandra demonstra como o conhecimento, o empenho e a ação estratégica podem convergir para enfrentar os desafios mais prementes do nosso tempo.

Organizado em capítulos temáticos, o texto combina narrativas inspiradoras com uma análise ponderada, desde os fundamentos da sustentabilidade até à implementação de iniciativas concretas a nível universitário e comunitário. Cada capítulo foi concebido para fornecer ao leitor uma compreensão abrangente dos desafios e oportunidades envolvidos no trabalho em prol da sustentabilidade, destacando a importância da colaboração interdisciplinar, da educação ambiental e da liderança transformadora.

A Viagem de Alejandra não é apenas um relato pessoal; é um convite à reflexão crítica e à ação colectiva. Este livro oferece uma abordagem rigorosa que articula conceitos-chave, estudos de caso e exemplos práticos, tornando-se uma ferramenta valiosa tanto para estudantes e académicos como para profissionais interessados em integrar a sustentabilidade nos seus projectos e actividades.

Nas suas páginas, sublinha a relevância das instituições educativas como agentes de mudança, bem como o papel dos indivíduos na construção do desenvolvimento sustentável. Este livro pretende inspirar não só a ação imediata, mas também a adoção de uma perspetiva de longo prazo, em que cada decisão se torna um contributo significativo para o bem-estar global.

Convidamos o leitor a mergulhar nesta história transformadora e a refletir sobre a forma como as ideias e as aprendizagens captadas neste livro podem ser aplicadas no seu próprio contexto. Sustentabilidade Universitária: A Viagem de Alejandra é um lembrete de que a mudança, embora complexa, é possível quando a vontade, o conhecimento e a ação se juntam.

CAPITULO 1

Capítulo 1: Introdução à sustentabilidade

Desde o início, Alejandra sempre teve uma ligação especial com o ambiente. Cresceu rodeada pela natureza da Nicarágua e os seus pais levavam-na frequentemente a explorar as reservas naturais e os parques das redondezas. No entanto, foi nos últimos anos do liceu que começou a ouvir falar dos grandes desafios globais, como as alterações climáticas, a poluição dos oceanos e a perda de biodiversidade. Foi então que começou a perceber que estes problemas não eram abstractos ou distantes, mas que também afectavam o seu país e a sua comunidade.

Elaborado por fonte própria

1.1 A sustentabilidade na vida universitária

Quando chegou à Universidade Americana de Manágua, Alejandra estava entusiasmada por começar os seus estudos em Engenharia Industrial. O seu principal objetivo era aprender a otimizar processos e a criar sistemas eficientes, mas foi só quando se inscreveu na cadeira de Sustentabilidade e Ambiente que compreendeu realmente a ligação entre a sua carreira e a necessidade de proteger o planeta. A aula, leccionada pelo Professor Morales, abordou temas como a economia circular, as energias renováveis e a gestão de resíduos, que tiveram um impacto profundo em Alejandra.

A Professora Morales era uma figura inspiradora. Falou com paixão sobre a importância da sustentabilidade e a necessidade de uma mudança profunda na forma como as coisas são feitas. Explicou que a sustentabilidade não era apenas uma preocupação ambiental, mas um princípio que devia ser integrado em todas as áreas da vida e da economia. Alejandra ficou motivada com estas ideias e começou a questionar-se sobre a forma como poderia aplicar estes conceitos na sua vida quotidiana e na sua futura carreira como engenheira.

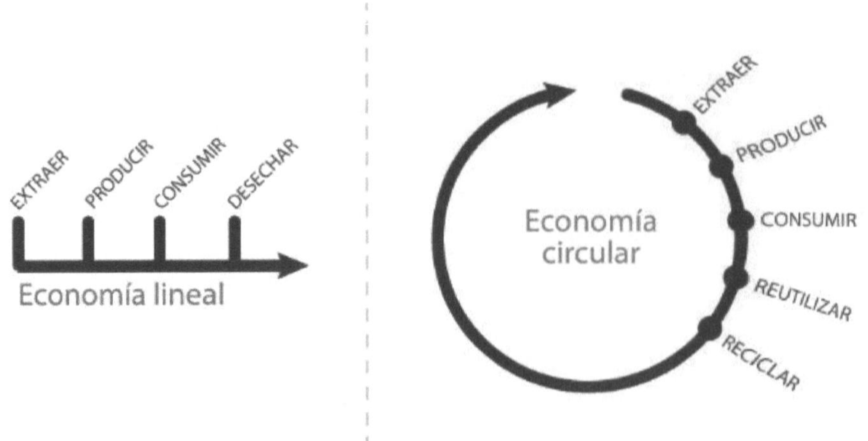

Elaborado por fonte própria

Um dos primeiros conceitos que chamou a atenção de Alejandra foi o de economia circular. O professor Morales ensinou-lhes que, ao contrário do modelo económico linear, em que os recursos são extraídos, utilizados e depois eliminados, a economia circular procura manter os materiais em utilização durante o máximo de tempo possível. Para isso, é necessário redesenhar os produtos para que sejam mais duradouros, recuperáveis e recicláveis. Alejandra apercebeu-se de que esta abordagem não só fazia sentido do ponto de vista ambiental, como também podia ser uma oportunidade para inovar e criar novos modelos de negócio.

1.2 A dimensão dos desafios ambientais

À medida que as aulas avançavam, Alejandra começou a compreender melhor a magnitude dos problemas ambientais que o mundo enfrenta. O Professor Morales apresentou dados alarmantes sobre a perda de biodiversidade, o esgotamento dos recursos naturais e os efeitos das alterações climáticas em regiões vulneráveis como a América Central. Alejandra não pôde deixar de se sentir sobrecarregada, mas também sentiu uma vontade crescente de fazer algo a esse respeito. Sabia que a sua carreira lhe dava as ferramentas para otimizar processos e melhorar a eficiência, mas agora compreendia que tinha de o fazer de uma forma sustentável.

Uma das lições que mais impressionou Alejandra foi sobre a importância das energias renováveis. A Nicarágua, com o seu sol e vento abundantes, tem um grande potencial para o desenvolvimento de energias limpas, e o Professor Morales mostrou-lhes exemplos de projectos já em curso no país. Alejandra ficou inspirada pela ideia de que o seu próprio país poderia liderar a transição para um modelo energético mais sustentável e começou a investigar mais sobre a forma como a engenharia industrial poderia contribuir para este objetivo.

No meio de toda esta aprendizagem, Alejandra começou a ter muitas perguntas: até que ponto era realmente possível fazer uma mudança na universidade? Como é que ela, enquanto estudante, poderia contribuir significativamente para a sustentabilidade? Estas questões levaram-na a refletir sobre o seu próprio papel e sobre as acções individuais que poderia tomar. Decidiu que não queria ficar-se apenas pelos conhecimentos teóricos; queria pô-los em prática e fazer a diferença no seu ambiente imediato.

A universidade organizou uma série de conferências sobre os Objectivos de Desenvolvimento Sustentável (ODS) das Nações Unidas e Alejandra participou em todas elas. Os ODS são uma série de objectivos globais para erradicar a pobreza, proteger o planeta e garantir a paz e a prosperidade para todos. Alejandra foi particularmente atraída pelos objectivos relacionados com a energia limpa e acessível, a ação climática e a produção e consumo responsáveis. Compreendeu que a sustentabilidade era um esforço coletivo e que cada pessoa, a partir do seu lugar, podia contribuir para estes objectivos globais.

A aula de Sustentabilidade não só deu a Alejandra conhecimentos técnicos sobre questões ambientais, como também a motivou a agir. Durante uma das sessões, o professor Morales atribuiu-lhes um projeto de grupo em que tinham de analisar o impacto ambiental da universidade e propor soluções para o reduzir. Alejandra juntou-se a um grupo de colegas que partilhavam as suas preocupações e, juntos, começaram a investigar a utilização de plásticos, o consumo de energia e a gestão de resíduos no campus.

Trabalhar neste projeto foi um ponto de viragem para Alejandra. Ela apercebeu-se de que, embora os problemas ambientais parecessem avassaladores, havia muitas coisas que podiam ser feitas a nível local para fazer a diferença. Juntamente com a sua equipa, apresentou uma proposta para reduzir a utilização de plásticos de utilização única na cafetaria da universidade e para implementar estações de compostagem onde os restos de comida pudessem ser compostados para a horta do campus. Esta experiência mostrou-lhe que a mudança é possível se trabalharmos em equipa e se houver vontade de agir.

Um dos momentos mais significativos durante este processo foi quando o grupo de Alejandra apresentou a sua proposta à administração da universidade. Embora tenha havido alguma resistência inicial, o Professor Morales apoiou-os e ajudou-os a aperfeiçoar os seus argumentos para demonstrar os benefícios das medidas propostas. Por fim, a administração concordou em implementar algumas das sugestões, e Alejandra ficou profundamente satisfeita por ver as suas ideias começarem a tornar-se realidade.

A partir dessa experiência, Alejandra decidiu que queria envolver-se mais em projectos de sustentabilidade no campus. Juntou-se a um grupo de estudantes que trabalha em iniciativas ambientais e começou a participar em reuniões e actividades. Pouco a pouco, começou a conhecer outros estudantes apaixonados pelo ambiente e, em conjunto, começaram a criar novos projectos. Foi numa dessas reuniões que nasceu a ideia da horta comunitária, um espaço onde os estudantes podiam aprender sobre agricultura sustentável e ligar-se à natureza.

A horta comunitária foi um dos primeiros grandes projectos em que Alejandra se envolveu ativamente. Juntamente com os seus colegas, começou a procurar financiamento e apoio dentro e fora da universidade. Apesar de terem enfrentado muitos desafios no início, a persistência e o empenho do grupo na causa permitiram-lhes obter os recursos necessários para pôr o projeto em marcha. Alejandra aprendeu muito durante este processo, não só sobre agricultura, mas também sobre a importância da colaboração e da resiliência.

Enquanto trabalhava na horta comunitária, Alejandra começou a explorar outras formas de promover a sustentabilidade na universidade. A ideia de um centro de inovação em energias renováveis começou a formar-se na sua mente e, embora soubesse que seria um projeto ambicioso, não conseguia deixar de imaginar o impacto que poderia ter. Começou a falar sobre a ideia com alguns dos seus professores e colegas, e ficou surpreendido ao descobrir que muitos partilhavam o seu entusiasmo. Foi então que decidiu que este seria um dos seus próximos objectivos.

Alejandra começou também a refletir sobre a importância da educação para a sustentabilidade. Apercebeu-se de que muitos estudantes não tinham consciência do impacto que as suas acções diárias tinham no ambiente e decidiu que queria mudar essa situação. Juntamente com o grupo de sustentabilidade, organizou workshops e actividades para ensinar os seus colegas sobre reciclagem, compostagem e redução do consumo de energia. Estes workshops não só informaram os alunos, como também ajudaram a criar uma comunidade mais consciente e empenhada na mudança.

Um dos aspectos que Alejandra mais apreciou durante este processo foi o trabalho de equipa. Descobriu que quando as pessoas se juntam para um objetivo comum, podem alcançar coisas incríveis. A colaboração com os seus colegas e professores motivou-a a continuar, mesmo quando confrontada com obstáculos. Cada pequena conquista, como a instalação de uma estação de compostagem ou a redução da utilização de plásticos no refeitório, era um sinal de que estavam no caminho certo e de que os seus esforços estavam a ter um impacto real.

1.3 Para além do campus: iniciativas comunitárias

Alejandra começou também a envolver-se em actividades fora do campus. Juntou-se a um grupo de voluntários que trabalhava em projectos de reflorestação nos arredores de Manágua e participou em campanhas de limpeza de rios e praias. Estas experiências permitiram-lhe ver em primeira mão os desafios ambientais que o seu país enfrenta, mas também a encheram de esperança ao ver como as pessoas estavam dispostas a trabalhar em conjunto para cuidar do ambiente. Alejandra apercebeu-se de que a sustentabilidade não era apenas um conceito académico, mas uma prática que devia ser integrada em todos os aspectos da vida.

Com o passar do tempo, Alejandra apercebeu-se de que a sua visão da sustentabilidade tinha evoluído. No início, pensava que se tratava simplesmente de reduzir o impacto negativo no ambiente, mas agora compreendia que a sustentabilidade também tinha a ver com a criação de comunidades mais fortes, mais justas e mais resistentes. Esta constatação levou-a a querer continuar a aprender e a procurar novas oportunidades para expandir os seus conhecimentos e o seu impacto.

Foi então que surgiu a oportunidade de se candidatar a uma bolsa para estudar no estrangeiro. Um dos seus professores, impressionado com a sua dedicação e liderança em projectos de sustentabilidade, recomendou-a para uma bolsa de estudo numa universidade que tinha um programa avançado em energias renováveis. Alejandra não hesitou e candidatou-se e, para sua surpresa e alegria, foi aceite. Esta oportunidade permitir-lhe-ia aprender com especialistas na matéria e levar esses conhecimentos para a Nicarágua para continuar a trabalhar para um futuro mais sustentável.

No dia em que recebeu a notícia da bolsa, Alejandra estava entusiasmada e um pouco nervosa. Sabia que seria um grande desafio, mas também uma oportunidade única de crescer e aprender. Antes de partir, comprometeu-se com os seus colegas a continuar a apoiá-los nos projectos em que tinham trabalhado juntos e a regressar com novas ideias e ferramentas para continuar a promover a sustentabilidade na universidade e na comunidade. Ela sabia que a viagem não seria fácil, mas estava pronta para enfrentar o que viesse e continuar a trabalhar para a mudança.

CAPITULO 2

Capítulo 2: Alejandra: Uma nova fase

2.1 Começar um novo caminho

Alejandra acaba de terminar o liceu. Com dezanove anos e o entusiasmo caraterístico de quem está a iniciar uma nova etapa, Alejandra chega ao campus da American University, cheia de expectativas e dúvidas. Sente-se atraída pela ideia de resolver problemas complexos, melhorar sistemas e, acima de tudo, contribuir para o bem-estar da sua comunidade. No seu primeiro semestre, tem a oportunidade de se inscrever numa cadeira chamada "Sustentabilidade e Ambiente". No início, não tem grandes expectativas quanto à forma como esta cadeira poderá mudar a sua perspetiva, mas algo nela começa a ressoar.

A aula de Sustentabilidade é leccionada pela Professora Morales, uma mulher apaixonada pelo ambiente e por iniciativas comunitárias. Durante as primeiras sessões, a professora introduz conceitos sobre a economia circular, as energias renováveis e a importância da redução de resíduos. Alejandra ouve com atenção, mas não consegue deixar de sentir que tudo parece muito teórico. "Como é que eu posso fazer alguma coisa?", pergunta-se muitas vezes. A frustração de não saber como aplicar estes conceitos à sua vida quotidiana leva-a a questionar se pode realmente fazer a diferença.

Apesar das suas dúvidas, Alejandra decide envolver-se mais na aula. Participa nos debates, faz perguntas e começa a reparar que alguns dos seus colegas partilham as suas preocupações. Pouco a pouco, começa a formar-se um pequeno grupo de alunos interessados em aprofundar as questões da sustentabilidade. Entre eles, Alejandra encontra uma fonte de motivação e apoio.

A vida universitária também traz novos desafios para Alejandra. Adaptar-se a um ambiente diferente, conhecer novas pessoas e encontrar um equilíbrio entre os estudos e a vida pessoal não é fácil. No entanto, a ideia de poder contribuir para algo maior motiva-a. Numa aula, o professor Morales convida os alunos a participar num projeto de investigação sobre o impacto do desperdício alimentar no campus. Alejandra fica intrigada e decide juntar-se ao projeto.

Trabalhar no projeto de investigação permite a Alejandra ver como os conceitos que aprende nas aulas se aplicam à vida real. Juntamente com os seus colegas de turma, realiza inquéritos e analisa dados sobre o desperdício alimentar na cantina da universidade. Descobrem que uma grande quantidade de alimentos é desperdiçada todos os dias e que muitas pessoas não têm consciência do impacto ambiental dos seus hábitos. Alejandra sente-se motivada a encontrar soluções e começa a trabalhar em propostas para reduzir o desperdício.

À medida que se envolve mais no projeto, Alejandra apercebe-se de que a sustentabilidade não é apenas uma questão de mudança de hábitos individuais, mas também de influenciar as políticas e práticas das instituições. Juntamente com os seus colegas, apresenta uma proposta à administração da universidade para implementar um programa de compostagem na cafetaria. Embora enfrentem resistência no início, a sua persistência e determinação acabam por fazer com que a proposta seja aprovada.

O sucesso do projeto de compostagem dá a Alejandra uma nova perspetiva do que é possível fazer quando se trabalha em equipa. Começa a ver os seus colegas não apenas como colegas de turma, mas como aliados na luta por um futuro mais sustentável. Esta experiência também lhe ensina a importância da comunicação e da colaboração. Sem o apoio dos seus colegas de turma e da administração da universidade, o projeto não teria sido possível.

Alejandra começa também a explorar outras áreas da sustentabilidade que lhe interessam. Junta-se a um grupo de estudantes que está a trabalhar num projeto de energia solar para o campus. Embora não tenha experiência no assunto, está disposta a aprender e a contribuir com o que puder.

Elaborado por fonte própria

Trabalhar neste projeto permite-lhe conhecer estudantes de outras carreiras, como a engenharia eletrotécnica e a arquitetura, e aprender sobre a importância das energias renováveis na transição para um futuro mais sustentável.

A participação nestes projectos também dá a Alejandra a oportunidade de desenvolver competências que não tinha considerado antes. Aprende a trabalhar em equipa, a gerir projectos e a comunicar eficazmente com pessoas diferentes. Estas competências não são apenas úteis para os seus estudos, mas também lhe dão confiança em si própria e na sua capacidade de fazer a diferença.

Com o tempo, Alejandra começa a notar mudanças na sua forma de pensar e agir. Já não vê a sustentabilidade como algo abstrato ou distante, mas como algo que pode aplicar no seu dia a dia. Começa a fazer pequenas alterações na sua rotina, como reduzir o consumo de plástico, poupar energia e água, e optar por produtos mais sustentáveis. Embora, no início, estas mudanças lhe pareçam insignificantes, depressa se apercebe que têm um impacto real, tanto na sua vida como na vida das pessoas que a rodeiam.

A aula de sustentabilidade também permite a Alejandra conhecer professores e especialistas que trabalham neste domínio. Numa ocasião, o professor Morales convida um especialista em alterações climáticas para dar uma palestra sobre os efeitos do aquecimento global na América Central. A palestra tem um impacto profundo em Alejandra, pois mostra-lhe as consequências reais e tangíveis das alterações climáticas na sua própria região. Isto motiva-a ainda mais a continuar a trabalhar para um futuro mais sustentável.

2.2 Para além da sala de aula

Alejandra também começa a envolver-se em actividades fora da sala de aula. Junta-se a um grupo de voluntários que trabalha na limpeza de praias e rios em Manágua. Estas actividades permitem-lhe ver em primeira mão o impacto da poluição e a importância de manter os ecossistemas limpos. Também lhe dá a oportunidade de conhecer outras pessoas que partilham a sua paixão pelo ambiente e de se sentir parte de uma comunidade empenhada na mudança.

Com o passar do tempo, Alejandra apercebe-se de que a sua visão da sustentabilidade evoluiu. No início, pensava que se tratava apenas de cuidar do ambiente, mas agora compreende que é um conceito muito mais amplo que inclui a justiça social, a equidade económica e o bem-estar de todas as pessoas. Este novo entendimento leva-a a querer aprender mais e a procurar formas de aplicar estes conhecimentos na sua carreira de Engenharia Industrial.

CAPITULO 3

Capítulo 3: Perguntas sem resposta

3.1 Questionar o impacto das acções individuais

Durante uma das aulas de Sustentabilidade, Alejandra ouve o professor falar sobre o impacto das pequenas acções individuais no ambiente. "Podemos fazer a diferença", diz a professora com convicção. Mas Alejandra não consegue deixar de se perguntar se isso é verdade: de que serve reduzir o uso de plástico se ainda há toneladas de lixo à sua volta? Nessa tarde, decide ir ao café do campus, onde se encontra com alguns amigos. O ambiente acolhedor e o aroma do café acabado de fazer relaxam-na, mas a sua mente continua inquieta.

"Acho que a professora tem razão, mas não sei como começar", diz Alejandra enquanto mexe a chávena de café. O seu amigo Carlos, que também está na turma, acena com a cabeça. "Sim, compreendo o que estás a dizer. É difícil pensar que as nossas acções podem ter um impacto real quando tudo parece tão grande", responde ele. A conversa torna-se profunda e os dois partilham as suas frustrações e esperanças para o futuro. Apesar de não encontrarem respostas claras, Alejandra sente que não está sozinha nas suas preocupações.

Nessa noite, quando Alejandra chegou a casa, pensou nas palavras da sua amiga Lucía, que também estava no café. "Talvez não consigamos mudar o mundo sozinhos, mas podemos começar devagarinho", disse ela com um sorriso. Esta frase ficou na mente de Alejandra e leva-a a procurar formas de começar, mesmo que sejam pequenas.

3.2 Transformar as preocupações em iniciativas

Alejandra decide fazer uma lista de pequenas acções que pode implementar na sua vida quotidiana para ser mais sustentável. Desde a redução da utilização de plástico até à poupança de energia e água em casa, a lista torna-se cada vez mais longa à medida que ela investiga. Ele apercebe-se de que, embora cada ação individual possa parecer insignificante, em conjunto podem ter um grande impacto. A ideia de poder inspirar outros a fazer o mesmo dá-lhe uma nova energia.

Elaborado por fonte própria

Na aula, o professor Morales atribui-lhes um projeto de grupo para investigarem como a sustentabilidade pode ser melhorada no campus. Alejandra, juntamente com Carlos e Lucía, decide concentrar-se na redução da utilização de plásticos. Trabalham numa campanha de sensibilização para promover a utilização de garrafas reutilizáveis e reduzir o consumo de plásticos de utilização única na cafetaria. Embora inicialmente não tenham a certeza de como a campanha será recebida, depressa se apercebem de que muitos alunos estão dispostos a apoiar a iniciativa.

A campanha está a começar a ganhar força e Alejandra sente uma grande satisfação por os seus esforços estarem a ter impacto. Organizam workshops e palestras sobre a importância de reduzir a utilização de plásticos e oferecem alternativas práticas aos estudantes. Pouco a pouco, mais pessoas se juntam à causa e Alejandra apercebe-se de que a mudança é possível com trabalho de equipa e paciência.

À medida que avançam com o projeto, Alejandra e os seus colegas enfrentam desafios. Algumas pessoas não estão interessadas em mudar os seus hábitos e há alturas em que sentem que os seus esforços não estão a dar frutos. No entanto, cada pequena conquista, como ver um aluno a utilizar uma garrafa reutilizável ou ouvir alguém falar sobre a campanha, dá-lhes a motivação de que precisam para continuar.

Alejandra começa também a questionar outros aspectos da sua vida. Apercebe-se de que muitas das coisas que consome não são necessárias e que poderia reduzir o seu impacto ambiental mudando os seus hábitos de consumo. Decide começar a fazer compras de forma mais consciente, optando por produtos locais e sustentáveis sempre que possível. Embora no início isso implique um esforço extra, depressa percebe que é uma forma de apoiar a sua comunidade e contribuir para cuidar do planeta.

O professor Morales também lhes atribui leituras sobre o impacto das alterações climáticas em diferentes partes do mundo. Alejandra fica particularmente comovida com as histórias de comunidades que perderam as suas casas devido a catástrofes naturais. Estas leituras fazem-na refletir sobre a importância de agir agora para evitar que mais pessoas sofram as consequências das alterações climáticas. Alejandra apercebe-se de que, embora as suas acções possam parecer pequenas, fazem parte de um esforço global para proteger o planeta.

3.3 Liderar a mudança através da colaboração

Um dia, durante uma das reuniões do grupo de sustentabilidade, Alejandra teve a ideia de organizar um evento para sensibilizar mais estudantes para a importância da sustentabilidade. A ideia é fazer algo maior do que os workshops e palestras que têm vindo a realizar. Ela quer organizar um dia de actividades no campus, com stands de informação, workshops práticos e palestras de especialistas. Os seus colegas ficam entusiasmados com a ideia e começam a planear o evento.

O processo de planeamento não é fácil. Requer a coordenação com diferentes departamentos da universidade, a obtenção de autorizações, o contacto com especialistas e a organização das actividades. Por vezes, Alejandra sente-se sobrecarregada, mas também se apercebe de que está a aprender muito. Está a desenvolver competências de organização, liderança e comunicação que nunca imaginou precisar. Sente também uma grande satisfação ao ver como a sua ideia está a ganhar forma.

Elaborado por fonte própria

O dia do evento chega finalmente e Alejandra não consegue deixar de se sentir nervosa. Pergunta-se se as pessoas irão comparecer, se as actividades serão bem recebidas e se a mensagem será transmitida. Para sua surpresa, o evento acaba por ser um sucesso. Muitos alunos comparecem, participam nos workshops e mostram-se interessados em aprender mais sobre sustentabilidade. Alejandra está orgulhosa do que conseguiram e percebe que, embora ainda haja um longo caminho a percorrer, deram um grande passo na direção certa.

Após o evento, Alejandra e os seus colegas reúnem-se para refletir sobre o que aprenderam e como podem avançar. Decidem que querem continuar a organizar actividades e que querem envolver mais pessoas. Alejandra sente que encontrou um objetivo na universidade e que, embora o caminho nem sempre seja fácil, vale a pena continuar.

CAPITULO 4

Capítulo 4: Explorar as opções

4.1 Um passo para a ação colectiva

Determinada a ir para além das palavras e teorias das aulas, Alejandra começa a pesquisar por si própria. Consulta artigos, documentários e fala com alguns professores que estão envolvidos em projectos ambientais. Descobre que existem grupos de estudantes dedicados à sustentabilidade e, apesar de se sentir um pouco intimidada no início, decide participar numa das suas reuniões. Os estudantes estão a organizar actividades para reduzir os resíduos no campus e Alejandra começa a ver uma réstia de esperança.

Na primeira reunião em que participa, conhece Marcos, um estudante de biologia que está a liderar o grupo. Marcos está entusiasmado e tem muitas ideias sobre como melhorar a gestão dos resíduos no campus. Alejandra fica inspirada pela sua paixão e decide envolver-se num dos projectos: uma campanha para reduzir a utilização de plásticos de utilização única na universidade. Juntos, organizam workshops para sensibilizar os estudantes para o impacto do plástico e propõem alternativas reutilizáveis.

Elaborado por fonte própria

Alejandra começa também a aperceber-se da reação dos colegas aos seus esforços. Alguns apoiam-na e participam nas actividades, enquanto outros parecem indiferentes. Embora por vezes se sinta desanimada, as pequenas conquistas, como ver os amigos a utilizar garrafas reutilizáveis, dão-lhe força para continuar.

À medida que se envolve mais no grupo de estudantes, Alejandra apercebe-se de que há muitas formas de contribuir. Participa em actividades de limpeza do campus, organiza palestras sobre sustentabilidade e colabora com outros estudantes para criar uma horta comunitária. Cada uma destas actividades permite-lhe conhecer mais pessoas que partilham a sua paixão pelo ambiente, e Alejandra começa a sentir que faz parte de uma comunidade.

4.2 Para além do campus: projectos comunitários e reflorestação

Alejandra começa também a explorar outras iniciativas fora da universidade. Junta-se a um grupo de voluntários que trabalham num projeto de reflorestação nos arredores de Manágua. Todos os fins-de-semana, reúne-se com o grupo para plantar árvores e recuperar áreas degradadas. Embora o trabalho seja duro e fisicamente exigente, Alejandra sente uma grande satisfação ao ver a paisagem começar a mudar. A reflorestação não só ajuda a combater as alterações climáticas, como também proporciona habitats para a vida selvagem local e melhora a qualidade do ar.

Durante uma das reuniões do grupo de sustentabilidade, Marcos propõe a ideia de colaborar com uma organização local que trabalha na gestão de resíduos. A organização centra-se na educação das comunidades sobre a forma de reduzir, reutilizar e reciclar os resíduos. Alejandra fica entusiasmada com a ideia e decide juntar-se ao projeto. Juntas, organizam workshops em diferentes comunidades de Manágua, ensinando as pessoas a separar os resíduos e a fazer compostagem em casa. Alejandra fica surpreendida com o interesse e a vontade de aprender das pessoas.

4.3 A educação como motor de mudança

À medida que se envolve nestes projectos, Alejandra apercebe-se da importância da educação para a sustentabilidade. Muitas pessoas não têm consciência de como as suas acções diárias afectam o ambiente, e a falta de informação é um dos maiores obstáculos à mudança. Alejandra decide que quer concentrar-se na educação ambiental e começa a trabalhar na criação de materiais didácticos que podem ser utilizados nas escolas e nas comunidades. Juntamente com Marcos e outros colegas, desenvolvem brochuras e vídeos que explicam de forma simples conceitos como a reciclagem, a redução de resíduos e a importância da conservação dos recursos naturais.

Um dos momentos mais significativos para Alejandra ocorre durante uma visita a uma escola num bairro vulnerável de Manágua. Juntamente com o seu grupo, organizam uma atividade para ensinar às crianças a importância de cuidar da água. Utilizam jogos e dinâmicas para tornar a atividade divertida e educativa. Alejandra fica comovida com o entusiasmo das crianças e apercebe-se de que elas são o futuro e que a sua educação é fundamental para uma mudança a longo prazo.

CAPITULO 5

Capítulo 5: Manágua e a procura de mudança

5.1 Inspiração nas comunidades: Hortas urbanas e reciclagem

Alejandra também quer ver o que está a acontecer para além dos muros da universidade. Ela junta-se a um pequeno grupo que visita projectos comunitários em diferentes bairros de Manágua, onde aprende sobre iniciativas de reciclagem e hortas urbanas. Estas visitas ajudam-na a compreender melhor as dificuldades que as comunidades enfrentam na implementação de mudanças sustentáveis, mas também lhe mostram o poder da organização e da vontade colectiva.

A primeira visita de Alejandra é a um bairro chamado Los Laureles, onde uma comunidade conseguiu criar uma pequena horta urbana no meio de um terreno baldio entre várias casas. Apesar da escassez de recursos, os moradores conseguiram cultivar legumes e ervas aromáticas que utilizam para consumo próprio e também para partilhar com os vizinhos. Alejandra está impressionada com a criatividade e a dedicação das pessoas que lideram este projeto. Doña Marta, uma das fundadoras da horta, explica que começaram com sementes doadas e materiais reciclados para criar a vedação da horta, e Alejandra sente-se profundamente inspirada pela sua determinação.

Alejandra apercebe-se de que a sustentabilidade não depende apenas de tecnologia avançada ou de grandes investimentos, mas também da capacidade das pessoas trabalharem em conjunto para um objetivo comum. Durante a visita, também conhece outros jovens que se envolveram no projeto e que viram mudanças positivas na sua comunidade graças à horta. As crianças do bairro correm pela zona, ajudam a regar as plantas e brincam na terra onde antes só havia lixo. Para Alejandra, ver este tipo de transformação é encorajador e reafirma o seu desejo de se envolver mais em iniciativas semelhantes.

5.2 Aprender com a resiliência da comunidade

Numa outra visita, Alejandra conhece um grupo de mulheres que trabalham num projeto de reciclagem de plásticos.

Estas mulheres recolhem garrafas e outros resíduos de plástico que encontram nas ruas da sua comunidade e levam-nos para um centro de reciclagem onde são transformados em materiais reutilizáveis. O projeto permitiu-lhes gerar um pequeno rendimento extra, o que tem sido crucial para muitas delas. Alejandra fala com Dona Rosa, que lhe conta como a reciclagem lhe permitiu comprar material escolar para os seus filhos. A resiliência e a criatividade destas mulheres impressionam Alejandra, que começa a compreender melhor como a sustentabilidade também tem um impacto económico e social positivo.

Alejandra também visita um centro comunitário onde as pessoas aprendem a fazer compostagem de resíduos orgânicos. Aí conhece Pedro, um jovem entusiasta que lidera workshops para ensinar as famílias a transformar os resíduos alimentares em composto para os seus jardins e hortas. Pedro conta-lhe que, no início, muitos vizinhos estavam cépticos em relação à ideia de fazer compostagem, mas que, pouco a pouco, foram vendo os benefícios. Alejandra sente-se encorajada a aprender mais sobre o processo e pensa em como pode levar a prática à sua comunidade e à universidade.

Durante estas visitas, Alejandra começa a compreender as realidades urbanas de Manágua de uma perspetiva diferente. A sustentabilidade não tem apenas a ver com iniciativas individuais, mas também com o reforço do tecido social das comunidades. Muitas vezes, os problemas ambientais em Manágua não se devem à falta de interesse por parte das pessoas, mas sim à falta de oportunidades e recursos. Alejandra fica comovida ao ver como, apesar das dificuldades, as comunidades encontram formas de se organizarem e melhorarem as suas condições de vida.

Alejandra também participa num passeio com um grupo de estudantes de outras universidades que se juntaram para conhecer as iniciativas comunitárias em Manágua. Num dos bairros, conhecem um grupo de jovens que organizou uma campanha de limpeza de um rio próximo. O rio, que antes estava cheio de lixo e detritos, está agora a correr mais limpo graças ao trabalho destes voluntários. Alejandra junta-se ao esforço e, embora o trabalho seja duro, sente uma grande satisfação ao ver a mudança tangível que estão a fazer.

Elaborado por fonte própria

À medida que se envolve mais nestas actividades, Alejandra apercebe-se de que a mudança nem sempre é imediata, mas que cada pequeno passo conta. Inspira-se na capacidade das pessoas para enfrentar os desafios com criatividade e solidariedade. A ligação que se cria entre os membros da comunidade quando trabalham em conjunto é algo que Alejandra nunca tinha experimentado antes. Isto motiva-a a continuar e a procurar formas de relacionar os seus estudos em engenharia industrial com as necessidades da comunidade.

5.3 Educação ambiental: um instrumento de transformação

Outro aspeto importante que Alejandra aprende durante as suas visitas é a importância da educação ambiental nas comunidades. Muitas das pessoas com quem fala dizem-lhe que antes não sabiam como as suas acções diárias podiam afetar o ambiente. Graças aos workshops e às informações partilhadas pelos líderes comunitários, conseguiram mudar os seus hábitos, beneficiando tanto as suas famílias como o ambiente. Alejandra começa a ver a educação como uma ferramenta fundamental para a sustentabilidade e decide que quer concentrar os seus esforços em levar este conhecimento a mais pessoas.

Uma tarde, durante uma visita a uma escola num bairro de Manágua, Alejandra e o seu grupo organizam uma atividade para ensinar às crianças a importância de cuidar da água. Utilizam jogos e dinâmicas para tornar a atividade divertida e educativa. As crianças participam com entusiasmo e Alejandra fica comovida com o impacto que a educação pode ter na geração mais jovem. Ela entende que as crianças são o futuro e que educá-las desde cedo é essencial para uma mudança duradoura.

Elaborado por fonte própria

Alejandra apercebe-se também de que as iniciativas comunitárias não só têm um impacto ambiental, como também ajudam a reforçar os laços entre os vizinhos. Num dos bairros, conhece Don Manuel, um idoso que viveu ali toda a sua vida. Don Manuel conta-lhe que, graças à horta comunitária, voltou a conhecer os seus vizinhos e sentiu-se útil ao ajudar nas tarefas de cultivo. Alejandra compreende que a sustentabilidade também tem uma componente humana muito importante: trata-se de construir relações e de trabalhar em conjunto para um objetivo comum.

5.4 Inovação e políticas para um futuro sustentável

As experiências de Alejandra em Manágua também a fazem refletir sobre o papel das políticas públicas na sustentabilidade. Muitas das comunidades que visita não têm o apoio necessário do governo para implementar os seus projectos, o que limita o alcance dos seus esforços. Alejandra começa a pesquisar as políticas ambientais na Nicarágua e percebe que, embora existam leis e programas, muitas vezes eles não são implementados de forma eficaz. Isto leva-a a considerar a possibilidade de se envolver na defesa de políticas públicas que apoiem iniciativas comunitárias e promovam a sustentabilidade.

Uma das iniciativas que mais impressiona Alejandra é um projeto de energia solar numa comunidade rural perto de Manágua. Graças à instalação de painéis solares, as famílias da comunidade puderam ter acesso à eletricidade pela primeira vez. Alejandra está entusiasmada por ver como uma tecnologia relativamente simples pode ter um impacto tão grande na vida das pessoas. Isto motiva-a a continuar a aprender sobre energias renováveis e a pensar como poderá aplicar estes conhecimentos nos seus projectos futuros.

Durante uma das visitas, Alejandra tem também a oportunidade de conhecer um grupo de artesãs que utilizam materiais reciclados para criar produtos que vendem nos mercados locais. As mulheres mostram-lhe como transformar sacos de plástico e outros resíduos em sacos e acessórios coloridos. Alejandra fica impressionada com a habilidade e a criatividade destas artesãs e apercebe-se de que a sustentabilidade também significa encontrar formas inovadoras de dar valor ao que os outros consideram lixo.

Alejandra sente-se cada vez mais ligada às pessoas que encontra nestas visitas. Ela percebe que a sustentabilidade não é apenas um conceito académico, mas uma realidade que é vivida todos os dias nas comunidades. As histórias de resiliência e criatividade que ouve motivam-na a continuar a trabalhar e a procurar formas de contribuir.

CAPITULO 6

Capítulo 6: Acções pessoais

6.1 Reduzir o impacto ambiental na vida quotidiana

Inspirada por tudo o que aprendeu e viu, Alejandra decide que é altura de começar a agir a partir do que lhe está mais próximo: a sua própria vida. Embora a ideia de mudar o mundo parecesse esmagadora no início, a perspetiva de começar com pequenas acções diárias parece mais exequível. Assim, ela decide implementar algumas mudanças na sua casa e na sua rotina diária que podem ajudar a reduzir o seu impacto ambiental. O seu primeiro passo é reduzir a utilização de plásticos. Alejandra começa por eliminar os sacos de plástico, optando por sacos de pano reutilizáveis quando vai ao mercado. Também substitui as garrafas de plástico por uma garrafa de aço inoxidável que leva consigo para todo o lado. No início, estas mudanças parecem pequenas, mas Alejandra apercebe-se de que cada escolha consciente é um passo em direção a um futuro mais sustentável.

Elaborado por fonte própria

Para além disso, Alejandra decide fazer ajustes na sua dieta. Começa a reduzir o consumo de carne e a incluir mais alimentos de origem vegetal. Descobre que a indústria pecuária tem um grande impacto no ambiente devido às emissões de gases com efeito de estufa e à utilização intensiva de recursos naturais. Embora no início tenha dificuldade em adaptar-se, começa gradualmente a gostar de novas receitas à base de vegetais e legumes. A sua irmã mais nova, interessada no que Alejandra está a fazer, junta-se a ela na cozinha e, juntas, começam a preparar pratos saudáveis e sustentáveis. Alejandra fica satisfeita por ver como a sua família também está interessada em fazer pequenas mudanças.

A Alejandra também está interessada em reduzir o desperdício alimentar no seu agregado familiar. Descobre que muitos alimentos são desperdiçados todos os anos e decide que pode fazer a sua parte dando melhor uso aos alimentos que compra. Começa a planear as refeições para a semana, reutilizando as sobras para preparar novos pratos e armazenando os alimentos de forma adequada para evitar que se estraguem. Também cria uma pequena pilha de compostagem no jardim para transformar os restos de comida em composto para as plantas. Alejandra acha este processo fascinante e, ao ver como os resíduos orgânicos se transformam num recurso valioso, sente-se mais ligada à natureza.

Uma das mudanças mais significativas que Alejandra faz na sua vida é reduzir o seu consumo de energia. Começa a ser mais consciente da utilização da eletricidade em sua casa, desligando as luzes e retirando os aparelhos electrónicos da tomada quando não os está a utilizar. Substitui também as lâmpadas convencionais por lâmpadas LED economizadoras de energia e sugere à sua família que utilize a máquina de lavar roupa apenas quando há roupa suficiente para encher uma carga completa. Embora se trate de pequenas acções, Alejandra percebe que, com o tempo, estes hábitos podem fazer uma grande diferença no consumo doméstico de energia.

Alejandra decide partilhar as suas experiências com os seus amigos e colegas de turma. Utiliza as redes sociais para publicar as mudanças que está a fazer e a forma como estas afectam a sua vida. Fica surpreendida ao receber comentários e mensagens positivas de pessoas interessadas em saber mais sobre como viver de forma mais sustentável. Alguns amigos pedem-lhe conselhos sobre como começar e Alejandra fica feliz por os ajudar. Alejandra percebe que a partilha da sua experiência não só a motiva a continuar, como também pode inspirar outros a fazer o mesmo. Assim, sem querer, Alejandra começa a tornar-se uma voz da sustentabilidade entre os seus conhecidos.

Elaborado por fonte própria

Outra iniciativa de Alejandra é a promoção da utilização de transportes sustentáveis. Em vez de utilizar o carro da família para se deslocar para a universidade, opta por utilizar os transportes públicos ou a bicicleta. Embora isso implique levantar-se um pouco mais cedo e, por vezes, enfrentar o calor de Manágua, Alejandra sente-se bem por saber que está a contribuir para a redução das emissões de carbono. Ela também gosta do exercício que faz ao andar de bicicleta e da oportunidade de ver a sua cidade de uma perspetiva diferente. Cada pedalada torna-se uma oportunidade para refletir sobre o que a rodeia e apreciar os pequenos detalhes da vida quotidiana.

Alejandra está também a começar a explorar a possibilidade de produzir alguns dos seus próprios alimentos. Utiliza a pequena horta que tem em casa para cultivar ervas aromáticas, como manjericão, orégãos e hortelã, bem como alguns legumes, como tomates e pimentos.

Embora o espaço seja limitado, Alejandra está entusiasmada por ver como as plantas crescem e começam a dar frutos. A experiência de cultivar os seus próprios alimentos liga-a ainda mais à terra e fá-la apreciar o esforço envolvido na produção de alimentos. Permite-lhe também reduzir a sua dependência dos produtos do supermercado e ter acesso a alimentos frescos e sem pesticidas.

Uma das acções que mais satisfação dá a Alejandra é organizar um dia de limpeza no seu bairro. Chama alguns vizinhos e amigos para recolherem o lixo acumulado num terreno baldio perto da sua casa. No início, a resposta não é tão entusiástica como ela esperava, mas com o apoio da família e de alguns amigos próximos, conseguem reunir um pequeno grupo. Durante o dia, Alejandra apercebe-se de que, embora o trabalho seja duro, o resultado vale a pena. No final do dia, o terreno parece limpo e os vizinhos agradecem o esforço. Alejandra sente uma grande satisfação ao ver o impacto imediato das suas acções e ao saber que contribuiu para melhorar a sua comunidade.

Outra ação importante de Alejandra é a redução do consumo de produtos descartáveis em sua casa. Começa a substituir as toalhas de papel por panos reutilizáveis, utiliza guardanapos de pano em vez de papel e compra produtos a granel para evitar o excesso de embalagens. Estas mudanças levam algum tempo a habituar-se, mas Alejandra está motivada pelo facto de estar a reduzir a quantidade de resíduos que gera. A sua família também está a começar a adotar estes hábitos e, pouco a pouco, todos estão a ficar mais conscientes do impacto das suas escolhas de consumo.

Alejandra decide também envolver-se na educação ambiental das crianças da sua comunidade. Organiza um pequeno workshop no parque local para as ensinar sobre a importância de cuidar do ambiente. Utiliza jogos e actividades lúdicas para explicar conceitos como a reciclagem, a poupança de água e a proteção da natureza. As crianças participam com entusiasmo e Alejandra fica comovida ao ver como as crianças estão dispostas a aprender e a cuidar do seu ambiente. Alejandra compreende que a educação é fundamental para conseguir mudanças a longo prazo e está empenhada em continuar este tipo de atividade no futuro.

Além disso, Alejandra começa a refletir sobre o seu consumo de roupa e de outros bens materiais. Apercebe-se de que muitas vezes compra coisas de que não precisa e que a indústria da moda rápida tem um grande impacto ambiental. Decide reduzir as suas compras de roupa e optar por roupa em segunda mão ou de marcas que apostam na sustentabilidade. Embora no início isto represente uma mudança no seu estilo de vida, depressa descobre que pode vestir-se de forma responsável sem sacrificar o seu estilo pessoal. Alejandra aprende também a reparar as suas roupas em vez de as deitar fora, o que lhe dá uma nova apreciação do valor dos objectos que possui.

6.2 Iniciativas comunitárias e universitárias

Alejandra enfrenta desafios ao longo deste processo. Há dias em que se sente frustrada porque parece que os seus esforços não são suficientes, especialmente quando vê outras pessoas a agir sem se preocuparem com o ambiente. No entanto, lembra-se das palavras do Professor Morales: "Cada pequena ação conta, e cada um de nós tem o poder de inspirar os outros". Estas palavras motivam-na a continuar e a não desistir, mesmo quando as coisas parecem difíceis. Alejandra compreende que a mudança não acontece de um dia para o outro, mas que cada passo na direção certa é importante.

Com o passar do tempo, Alejandra começa a notar os efeitos positivos das suas acções. A sua família tornou-se mais consciente do seu consumo de energia e de água e reduziu a quantidade de resíduos que produz. Os seus amigos também começaram a fazer mudanças nas suas vidas, inspirados pelo exemplo de Alejandra. Alguns vizinhos chegaram mesmo a pedir-lhe conselhos sobre como reduzir o seu impacto ambiental. Alejandra está orgulhosa do que conseguiu e sabe que, embora ainda haja um longo caminho a percorrer, está no bom caminho.

Alejandra também decide levar as suas acções pessoais para o nível universitário. Propõe aos seus colegas de turma que organizem uma campanha para reduzir o consumo de plástico na universidade. Juntos, organizam actividades para sensibilizar os estudantes para o impacto dos plásticos de utilização única e oferecem alternativas sustentáveis, como garrafas reutilizáveis e sacos de pano. A campanha é bem recebida e Alejandra sente-se encorajada pelo facto de os seus esforços estarem a inspirar outros a agir.

Uma das coisas de que Alejandra mais gosta é o processo de aprendizagem constante. Todos os dias descobre algo novo sobre sustentabilidade e encontra novas formas de aplicar esses conhecimentos na sua vida. Percebe que viver de forma sustentável não é ser perfeito, mas sim fazer o melhor que se pode com os recursos disponíveis. Alejandra aprende a ser mais paciente consigo mesma e a celebrar cada pequena conquista, por mais insignificante que possa parecer. Esta atitude positiva ajuda-a a manter-se motivada e a continuar, mesmo quando enfrenta obstáculos.

Alejandra está também a começar a envolver-se em iniciativas de economia circular. Está interessada na ideia de reutilizar e reciclar materiais para lhes dar uma segunda vida e reduzir a quantidade de resíduos que acabam nos aterros. Juntamente com alguns colegas, decide organizar uma oficina de reciclagem criativa, onde ensinam os alunos a fazer objectos úteis a partir de materiais reciclados. A atividade acaba por ser um sucesso e Alejandra fica entusiasmada por ver os seus colegas divertirem-se enquanto aprendem a importância de reduzir e reutilizar.

Outra iniciativa de Alejandra é reduzir a utilização de produtos químicos em sua casa. Começa a fazer os seus próprios produtos de limpeza utilizando ingredientes naturais como vinagre, bicarbonato de sódio e óleos essenciais. No início, a sua família está cética quanto à eficácia destes produtos, mas depressa se apercebe que funcionam tão bem como os produtos comerciais, sem os efeitos negativos para a saúde e o ambiente. Alejandra sente-se satisfeita por saber que está a contribuir para criar uma casa mais saudável e segura para a sua família.

Ao longo deste processo, Alejandra também se apercebeu da importância de cuidar de si própria. Compreende que o ativismo ambiental pode ser exaustivo e que é importante encontrar um equilíbrio. Alejandra começa a praticar ioga e meditação para reduzir o stress e manter-se concentrada nos seus objectivos. Estes momentos de reflexão ajudam-na a reconectar-se com o seu objetivo e a recordar a razão pela qual iniciou esta viagem rumo à sustentabilidade. Alejandra compreende que, para cuidar do planeta, também tem de cuidar de si própria.

6.3 Reflexões finais e compromisso contínuo com a sustentabilidade

Finalmente, Alejandra percebe que a sustentabilidade não é apenas um conjunto de acções, mas um modo de vida. Cada decisão que toma, desde o que come até à forma como viaja e aos produtos que consome, está alinhada com os seus valores e o seu desejo de contribuir para um mundo melhor. Alejandra orgulha-se do caminho que percorreu e das mudanças que conseguiu implementar na sua vida. Ela sabe que ainda há um longo caminho a percorrer, mas está convencida de que cada pequeno passo conta e que, juntos, podem fazer uma mudança significativa.

CAPITULO 7

Capítulo 7: Colaboração universitária

Tendo implementado tantas mudanças na sua vida pessoal, Alejandra sentiu a necessidade de levar as suas acções a um nível mais amplo. Para ela, a universidade era o local ideal onde estes projectos poderiam ter um impacto significativo. Decidiu trabalhar em conjunto com os seus colegas para desenvolver iniciativas que não só mudassem o ambiente universitário, mas também inspirassem outros estudantes e pessoal académico a adotar práticas sustentáveis. Foi assim que teve a ideia de começar a colaborar com diferentes grupos de estudantes e professores interessados na sustentabilidade.

7.1 Formação de uma equipa universitária de sustentabilidade

Alejandra começou por propor a criação de uma equipa formal de sustentabilidade na universidade. Para isso, reuniu-se com vários dos seus colegas, entre os quais Lucía e Marcos, com quem já tinha trabalhado em projectos anteriores. Juntos, formaram um grupo dedicado a conceber iniciativas que promovessem a sustentabilidade no campus. A primeira reunião da equipa foi entusiasmante; todos tinham ideias e propostas, e a energia na sala era palpável. Discutiram projectos como a redução da utilização de plástico no campus, a instalação de estações de compostagem e a criação de uma horta comunitária onde os alunos pudessem aprender sobre agricultura sustentável.

7.2 Projectos iniciais: redução de plásticos e horta comunitária

Um dos primeiros projectos que decidiram abordar foi a redução do consumo de plástico na universidade. Alejandra tinha reparado que estavam a ser utilizadas muitas garrafas e utensílios de plástico descartáveis nas cantinas do campus. Com o apoio dos seus colegas, reuniu-se com os administradores da cantina para discutir a possibilidade de substituir estes produtos por alternativas mais sustentáveis. No início, os administradores mostraram-se relutantes, uma vez que o custo dos produtos sustentáveis era mais elevado, mas a equipa de Alejandra apresentou uma proposta pormenorizada que incluía uma campanha de sensibilização para reduzir a utilização de plásticos e incentivar a utilização de garrafas reutilizáveis.

Elaborado por fonte própria

Para financiar a campanha, a equipa procurou apoio do fundo universitário para projectos de estudantes. Alejandra foi encarregada de redigir a candidatura, explicando a importância do projeto e os benefícios que teria para a comunidade universitária. A candidatura foi aprovada e a equipa recebeu o capital inicial para iniciar a campanha. Com este dinheiro, puderam comprar garrafas reutilizáveis que foram distribuídas aos estudantes durante uma feira de sustentabilidade que organizaram no campus. A feira incluiu palestras, workshops e actividades para ensinar aos estudantes a importância de reduzir a utilização de plásticos e a forma como as suas acções individuais podem contribuir para o bem-estar do ambiente.

A feira da sustentabilidade foi um sucesso retumbante. Os estudantes participaram ativamente nos workshops e mostraram grande interesse nas actividades. Alejandra ficou entusiasmada com a reação da comunidade universitária. Alguns professores chegaram mesmo a abordá-la para a felicitar pela iniciativa e oferecer o seu apoio para projectos futuros. Este sucesso inicial motivou a equipa a continuar e a pensar em novos projectos que pudessem ter um impacto positivo no campus. Foi então que Alejandra teve a ideia de criar uma horta comunitária na universidade.

A horta comunitária era um projeto ambicioso, mas Alejandra estava convencida de que poderia fazer uma grande diferença no campus. A ideia era criar um espaço onde os alunos pudessem aprender sobre agricultura sustentável, cultivar os seus próprios alimentos e estabelecer contacto com a natureza. Para levar a cabo este projeto, a equipa precisava de mais recursos, pelo que Alejandra decidiu procurar financiamento externo. Depois de pesquisar diferentes opções, encontrou um fundo internacional que apoia projectos de sustentabilidade em instituições de ensino. Juntamente com os seus colegas, preparou uma proposta pormenorizada e apresentou-a ao fundo.

Elaborado por fonte própria

Semanas mais tarde, Alejandra recebeu uma resposta que iria mudar o rumo do projeto: o fundo tinha aprovado a candidatura e iria conceder-lhes o financiamento necessário para implementar a horta comunitária. A notícia foi recebida com alegria por toda a equipa, e Alejandra sentiu-se orgulhosa do que tinham conseguido. Ela sabia que não se tratava apenas de uma conquista pessoal, mas de um passo importante para a universidade no seu caminho para a sustentabilidade. Com o financiamento assegurado, começaram a planear os detalhes da horta, escolhendo o local certo no campus e definindo os tipos de plantas que iriam cultivar.

O planeamento da horta comunitária exigiu a colaboração de diferentes áreas da universidade. Alejandra e a sua equipa reuniram-se com professores de biologia, que ofereceram os seus conhecimentos sobre as melhores práticas para cultivar e cuidar de plantas. Também trabalharam com estudantes de arquitetura para conceber o espaço de uma forma eficiente e atraente. Esta colaboração interdisciplinar foi uma experiência enriquecedora para Alejandra, pois permitiu-lhe ver como pessoas com diferentes competências e conhecimentos se podiam juntar para trabalhar para um objetivo comum. Além disso, o jardim tornou-se um projeto em que todos os alunos puderam participar e sentir-se parte do processo.

À medida que a horta foi ganhando forma, Alejandra apercebeu-se de que tinha criado mais do que apenas um espaço verde no campus. A horta comunitária estava a tornar-se um ponto de encontro, um espaço onde os estudantes podiam desligar-se do stress dos estudos e ligar-se à natureza e a outros estudantes. Alejandra apreciava cada momento que passava na horta, trabalhando no solo, plantando novas sementes e vendo as plantas crescerem e florescerem. A cada dia que passava, o jardim tornava-se mais vivo e, com ele, a comunidade universitária tornava-se mais consciente da importância da sustentabilidade.

O projeto da horta também abriu a porta a novas oportunidades. Um professor da Faculdade de Ciências do Ambiente propôs a utilização da horta como um laboratório ao ar livre onde os alunos poderiam efetuar investigação sobre agricultura sustentável e biodiversidade. Alejandra ficou entusiasmada com a ideia e começou a trabalhar em conjunto com o professor para desenvolver um programa de investigação que pudesse envolver estudantes de diferentes cursos. A ideia era que a horta não fosse apenas um espaço de cultivo, mas também um local onde se gerassem conhecimentos e se promovesse a investigação sobre questões ambientais.

Para além da horta comunitária, Alejandra e a sua equipa decidiram implementar estações de compostagem no campus. Tinham aprendido sobre compostagem durante as suas visitas a comunidades em Manágua e queriam aplicar estes conhecimentos na universidade. Com o apoio de fundos e a colaboração da administração do campus, criaram várias estações de compostagem onde os estudantes e o pessoal podiam depositar restos de comida e outros resíduos orgânicos. O composto gerado seria utilizado na horta comunitária, fechando assim o ciclo dos resíduos orgânicos e mostrando à comunidade universitária como cada recurso pode ser utilizado da melhor forma.

A implementação das estações de compostagem não foi uma tarefa fácil. No início, houve alguma resistência por parte de alguns membros da comunidade universitária, que não estavam familiarizados com o processo e receavam que este gerasse maus cheiros ou atraísse pragas. Para ultrapassar estes obstáculos, Alejandra e a sua equipa organizaram workshops para ensinar os estudantes e o pessoal a utilizar corretamente as estações de compostagem. Também contaram com a ajuda de professores de biologia para explicar os benefícios da compostagem e como esta poderia contribuir para melhorar a qualidade do solo na horta comunitária.

Elaborado por fonte própria

Com o tempo, as estações de compostagem tornaram-se parte integrante do campus e cada vez mais pessoas começaram a utilizá-las. Alejandra ficou satisfeita por ver como os seus esforços estavam a dar frutos e como a comunidade universitária estava a tornar-se mais consciente da importância de uma gestão responsável dos resíduos. Além disso, o composto gerado ajudou a melhorar a qualidade do solo no jardim, permitindo que as plantas crescessem mais fortes e saudáveis. Alejandra sentiu que cada passo que davam os aproximava do seu objetivo de tornar a universidade um lugar mais sustentável.

O projeto seguinte que Alejandra e a sua equipa decidiram levar a cabo foi a instalação de painéis solares no campus. Tinham aprendido sobre o potencial das energias renováveis durante as aulas de sustentabilidade e queriam que a universidade desse um passo no sentido de reduzir a sua pegada de carbono. Para tal, reuniram-se com a administração da universidade e apresentaram uma proposta pormenorizada que incluía uma análise custo-benefício e um plano para implementar gradualmente os painéis solares em diferentes áreas do campus. Embora o projeto exigisse um investimento considerável, Alejandra estava convencida de que valia a pena.

Para sua surpresa, a administração da universidade mostrou grande interesse no projeto e decidiu apoiá-lo. Além disso, conseguiram obter financiamento adicional de uma organização local que promove a utilização de energias renováveis em instituições de ensino. Além disso, conseguiram obter financiamento adicional de uma organização local que promove a utilização de energias renováveis em instituições de ensino. Com o apoio financeiro assegurado, Alejandra e a sua equipa começaram a trabalhar na implementação do projeto. Contactaram especialistas em energia solar e colaboraram com eles para instalar painéis nos telhados de alguns dos edifícios do campus. Ver os painéis solares instalados foi um momento de grande orgulho para Alejandra e a sua equipa, pois sabiam que estavam a contribuir para reduzir o impacto ambiental da universidade.

À medida que estes projectos avançavam, Alejandra apercebeu-se da importância de ter o apoio da administração e dos diferentes actores da universidade. Sem a sua colaboração, muitos destes projectos não teriam sido possíveis. A Alejandra aprendeu a comunicar eficazmente, a apresentar as suas ideias de forma clara e a demonstrar os benefícios de cada iniciativa. Estas competências foram fundamentais para obter o apoio necessário e para levar a cabo os projectos com sucesso. Além disso, a experiência ensinou-lhe que a sustentabilidade não é apenas uma questão de vontade individual, mas requer o empenhamento e a colaboração de toda a comunidade.

Um dos momentos mais significativos para Alejandra foi quando a universidade decidiu reconhecer formalmente o trabalho da equipa de sustentabilidade. Durante uma cerimónia no auditório principal, o presidente da universidade felicitou Alejandra e a sua equipa pelos seus esforços e entregou-lhes um prémio pelo seu contributo para a melhoria do campus. Alejandra estava entusiasmada e orgulhosa do que tinham conseguido. Ela sabia que ainda havia um longo caminho a percorrer, mas este reconhecimento era um sinal de que estavam no caminho certo e que os seus esforços estavam a ser apreciados pela comunidade universitária.

A colaboração universitária também levou Alejandra a estabelecer contactos com outros estudantes de diferentes universidades de Manágua. Durante uma conferência sobre sustentabilidade, Alejandra conheceu estudantes de outras instituições que também estavam a trabalhar em projectos ambientais. Decidiram criar uma rede de estudantes para a sustentabilidade, onde pudessem partilhar ideias, recursos e experiências. Esta rede permitiu que os estudantes se apoiassem mutuamente e lhes permitisse levar a cabo projectos maiores e mais ambiciosos, não só nas suas universidades, mas também nas suas comunidades.

Pouco tempo depois destas conquistas, Alejandra recebeu uma notícia inesperada: tinha sido nomeada para uma bolsa de estudos para estudar no estrangeiro, especificamente numa universidade que tinha um programa avançado em sustentabilidade e energias renováveis. A bolsa era oferecida por uma fundação internacional que apoiava jovens líderes empenhados na mudança ambiental. A nomeação foi uma surpresa, pois Alejandra não sabia que um dos seus professores tinha enviado uma recomendação que destacava o seu trabalho e liderança em projectos de sustentabilidade no campus.

A possibilidade de estudar no estrangeiro era algo que Alejandra nunca tinha considerado seriamente, mas a ideia encheu-a de entusiasmo e também de nervosismo. A bolsa de estudo incluía a oportunidade de efetuar investigação no domínio das energias renováveis e de aprender com especialistas de renome mundial. Após uma análise cuidada e discussões com a sua família e amigos, Alejandra decidiu aceitar a oportunidade. Ela sabia que seria um grande desafio, mas também uma oportunidade única de continuar a crescer e de adquirir conhecimentos que poderia depois aplicar no seu país.

A notícia da bolsa de estudo espalhou-se rapidamente pela universidade e Alejandra recebeu apoio e felicitações de muitos dos seus colegas e professores. Embora estivesse entusiasmada com o que estava para vir, também estava um pouco triste por ter de abandonar temporariamente os projectos em que tinha trabalhado tão arduamente. No entanto, a equipa de sustentabilidade estava disposta a continuar o trabalho que tinha começado e Alejandra estava confiante de que seriam capazes de avançar mesmo na sua ausência.

Antes de partir, a Alejandra certificou-se de que todos os projectos estavam bem organizados e de que cada membro da equipa conhecia bem as suas responsabilidades. Comprometeu-se também a manter o contacto com a equipa e a apoiar, sempre que possível, a partir do estrangeiro. Durante uma reunião final, disse-lhes que estava muito grata por todo o apoio e esforço que tinham posto em cada iniciativa. Foi um momento emocionante para todos, mas também cheio de esperança e uma promessa de continuar a trabalhar para um campus mais sustentável.

Finalmente, chegou o dia da partida de Alejandra. Com uma mala cheia de sonhos e expectativas, despediu-se da família e dos amigos, pronta para embarcar numa nova aventura. Ao chegar à universidade no estrangeiro, Alejandra deparou-se com um ambiente diversificado e estimulante. Havia estudantes de diferentes países, todos interessados em aprender sobre sustentabilidade e encontrar soluções para os problemas ambientais globais. Alejandra sentiu-se inspirada por estar rodeada de pessoas com a mesma paixão pelo ambiente e sabia que estava no sítio certo para continuar a crescer.

Durante os seus estudos no estrangeiro, Alejandra teve a oportunidade de aprender com especialistas em energias renováveis, como Juan Cano, e de trabalhar em projectos inovadores que lhe abriram os olhos para novas possibilidades. Participou na investigação sobre energia solar e eólica e aprendeu sobre tecnologias emergentes que podem ter um grande impacto na transição para um futuro mais sustentável. Todos os dias era uma nova experiência de aprendizagem e Alejandra sentiu que estava a adquirir conhecimentos valiosos que poderia um dia aplicar no seu país.

7.3 Impacto e continuidade através da colaboração à distância

Apesar da distância, Alejandra manteve-se em contacto com a equipa de sustentabilidade da sua universidade na Nicarágua. Organizavam videochamadas regulares para discutir o progresso dos projectos e partilhar ideias. Alejandra também partilhou com eles o que estava a aprender nas suas aulas e na sua investigação, e procurou formas de aplicar esses conhecimentos aos projectos que estava a desenvolver no campus. Esta colaboração à distância permitiu que os projectos não só se mantivessem activos, como também continuassem a evoluir.

Um dos projectos que mais avançou durante a ausência da Alejandra foi a instalação de mais painéis solares no campus. Graças ao financiamento e ao apoio da administração, a equipa conseguiu expandir o projeto e cobrir mais edifícios com painéis solares. Alejandra ficou orgulhosa por ver como o campus se estava a tornar uma referência de sustentabilidade na região. Ela sabia que o seu trabalho tinha sido uma parte importante desse processo, mas também reconheceu o esforço e a dedicação de toda a equipa que continuou a trabalhar incansavelmente.

Após um ano de estudos no estrangeiro, Alejandra regressou à Nicarágua cheia de novas ideias e com uma determinação renovada para continuar a trabalhar em prol da sustentabilidade. Ao chegar à sua universidade, foi recebida de braços abertos pelos seus colegas e professores, que estavam ansiosos por ouvir tudo o que ela tinha aprendido. Alejandra organizou uma série de palestras e workshops onde partilhou as suas experiências e os conhecimentos que tinha adquirido. Os alunos estavam entusiasmados e motivados e Alejandra apercebeu-se de que a sua viagem não tinha sido apenas uma experiência de crescimento pessoal, mas também uma oportunidade para inspirar outros.

CAPITULO 8

Capítulo 8: Reflexões e conclusões

8.1 O regresso à Nicarágua e o impacto da experiência internacional

epois da sua experiência no estrangeiro, Alejandra regressou à Nicarágua com uma perspetiva alargada e um manancial de novas ideias para implementar na sua comunidade e na universidade. Aprendeu muito sobre energia renovável, economia circular e gestão sustentável de recursos, e estava ansiosa por partilhar esse conhecimento com outros. A viagem não tinha sido apenas uma experiência académica, mas também uma transformação pessoal que a tinha levado a compreender a magnitude dos desafios ambientais e as oportunidades que existiam para criar uma mudança positiva.

Elaborado por fonte própria

Uma das primeiras coisas que Alejandra fez após o seu regresso foi reunir-se com a equipa de sustentabilidade da universidade. Todos estavam entusiasmados por a ver e ouvir as suas experiências. Alejandra organizou uma série de workshops onde partilhou o que tinha aprendido, desde novas tecnologias para a produção de energia a estratégias para envolver a comunidade em projectos de sustentabilidade. Os workshops foram um sucesso e muitos alunos ficaram inspirados pelas histórias de Alejandra sobre os projectos em que trabalhou e as pessoas que conheceu durante a sua estadia no estrangeiro.

Alejandra também utilizou a sua experiência para reforçar a rede de estudantes para a sustentabilidade que tinham criado antes da sua partida. Ligou esta rede a alguns dos contactos que tinha feito no estrangeiro, facilitando a colaboração internacional e a troca de ideias. Desta forma, a rede tornou-se um espaço mais dinâmico e enriquecedor, onde os estudantes podiam partilhar as suas experiências e aprender uns com os outros. Alejandra estava convencida de que a colaboração era a chave para enfrentar os desafios ambientais, e ver como estudantes de diferentes partes do mundo se juntavam para um objetivo comum encheu-a de esperança.

8.2 Criação do centro de inovação em energias renováveis

Um dos projectos mais ambiciosos que Alejandra começou a desenvolver após o seu regresso foi a criação de um centro de inovação em energias renováveis no campus. A ideia era ter um espaço onde os estudantes pudessem investigar e desenvolver soluções inovadoras para os desafios energéticos da região. Alejandra sabia que este projeto exigiria muito trabalho e recursos, mas estava convencida de que, com o apoio da universidade e dos seus colegas, seria possível concretizá-lo. Começou por apresentar a ideia à administração da universidade, que se mostrou interessada e disposta a apoiar o projeto.

O centro de inovação seria um local onde estudantes de diferentes disciplinas poderiam trabalhar em conjunto, partilhando os seus conhecimentos e competências para desenvolver projectos de energias renováveis e eficiência energética. Alejandra estava convencida de que o conhecimento prático era fundamental para encontrar soluções para os problemas ambientais e queria que os estudantes tivessem a oportunidade de aprender fazendo. Para garantir os recursos necessários, Alejandra e a sua equipa procuraram financiamento externo, candidatando-se a diferentes fundos e programas de apoio à inovação e à sustentabilidade.

O processo de planeamento e de angariação de fundos foi longo e exigente, mas Alejandra nunca perdeu a motivação. Cada pequeno avanço, cada reunião bem sucedida e cada contacto que faziam dava-lhes mais força para avançar. Finalmente, após meses de trabalho, conseguiram assegurar o financiamento necessário para iniciar o projeto. O centro de inovação começou a tomar forma e Alejandra estava entusiasmada por ver como a sua visão se estava a tornar realidade. Ela sabia que este seria um espaço que beneficiaria não só os actuais estudantes, mas também as gerações futuras.

8.3 Reflexões sobre a educação e o papel da sustentabilidade nas universidades

À medida que o centro de inovação foi ganhando forma, Alejandra apercebeu-se da importância de criar um ambiente colaborativo e aberto. Não queria que o centro fosse apenas um laboratório, mas um local onde os alunos pudessem partilhar ideias, aprender uns com os outros e encontrar inspiração para os seus próprios projectos. Para o conseguir, organizaram uma série de eventos, como hackathons e concursos de inovação, onde os alunos puderam trabalhar em conjunto para resolver problemas relacionados com a energia e a sustentabilidade. Estes eventos não só fomentam a criatividade, como também ajudam a construir uma comunidade empenhada na mudança.

O centro de inovação tornou-se rapidamente um ponto de referência no campus e atraiu a atenção de estudantes de outras universidades e de organizações externas. Professores de diferentes disciplinas começaram a colaborar em projectos, e Alejandra orgulhava-se de ver como o centro se estava a tornar um espaço onde se gerava conhecimento e se promovia a investigação. Cada vez mais estudantes se aproximavam dela para manifestar o seu interesse em participar e Alejandra ficou encantada por ver como a ideia inicial se tinha transformado em algo muito maior do que ela tinha imaginado.

Elaborado por fonte própria

Um dos primeiros projectos de investigação realizados no centro foi sobre a utilização da energia solar nas comunidades rurais da Nicarágua. Alejandra tinha aprendido muito sobre tecnologias solares durante a sua estadia no estrangeiro e queria aplicar esses conhecimentos em benefício das comunidades que mais precisavam. Juntamente com uma equipa de alunos e professores, desenvolveram um projeto para instalar sistemas de energia solar numa comunidade rural que não tinha acesso à eletricidade. O projeto foi um sucesso e Alejandra ficou profundamente comovida ao ver como a energia solar estava a melhorar a qualidade de vida das pessoas daquela comunidade.

8.4 Pensar no futuro: Expansão do modelo e compromisso com a sustentabilidade

À medida que o projeto avançava, Alejandra começou também a refletir sobre o papel da educação na sustentabilidade. Apercebeu-se de que não era apenas importante ensinar aos estudantes tecnologias sustentáveis, mas também incutir-lhes um espírito crítico e um sentido de responsabilidade para com o ambiente. Para o conseguir, começou a trabalhar com professores de outras disciplinas para integrar a sustentabilidade no currículo de diferentes carreiras. Alejandra estava convencida de que a sustentabilidade deveria ser um tema transversal, presente em todas as áreas do conhecimento.

Alejandra também usou a sua experiência para desenvolver um programa de tutoria para estudantes interessados em sustentabilidade. Ela sabia que muitos jovens tinham boas ideias, mas muitas vezes não sabiam como as pôr em prática. O programa de tutoria liga os estudantes a especialistas em diferentes áreas, que lhes dão orientação e apoio para desenvolverem os seus projectos. Alejandra ficou satisfeita por ver como o programa ajudou os estudantes a ganhar auto-confiança e a levar a cabo iniciativas que tiveram um impacto real nas suas comunidades.

Ao longo do tempo, Alejandra apercebeu-se de que trabalhar na sustentabilidade era um processo contínuo. Cada projeto que realizavam era um passo em frente, mas também novos desafios e oportunidades de melhoria. Alejandra aprendeu a ver os obstáculos como oportunidades para aprender e crescer. A experiência de estudar no estrangeiro e de liderar projectos na universidade ensinou-lhe que a mudança não acontece de um dia para o outro, mas que cada pequeno esforço contribui para um objetivo maior.

Um dos momentos mais significativos para Alejandra foi quando a universidade decidiu adotar um plano de sustentabilidade a longo prazo, inspirado em grande parte pelos projectos e pelo trabalho da equipa de sustentabilidade. Este plano incluía objectivos específicos para reduzir a pegada de carbono do campus, promover a utilização de energias renováveis e incentivar a investigação sobre questões ambientais. Alejandra ficou muito orgulhosa por ter contribuído para esta mudança institucional e por ver a universidade empenhada em ser um exemplo de sustentabilidade para a comunidade.

Alejandra começou também a trabalhar com organizações e governos locais para promover políticas públicas que apoiassem a sustentabilidade. Percebeu que, para conseguir uma mudança real e duradoura, era necessário que as políticas apoiassem as iniciativas ambientais. Juntamente com outros estudantes e organizações da sociedade civil, começou a defender leis que incentivassem a utilização de energias renováveis e a gestão responsável dos recursos naturais. Esta experiência mostrou-lhe a importância da participação dos cidadãos e do trabalho conjunto para influenciar as decisões que afectam o ambiente.

À medida que os projectos avançavam e o centro de inovação se consolidava, Alejandra começou a pensar no futuro. Ela sabia que ainda havia muito a fazer, tanto na universidade como na comunidade em geral. Alejandra estava empenhada em continuar a trabalhar para um mundo mais sustentável e em continuar a inspirar outros a fazer o mesmo. Ela sabia que todos os pequenos esforços contavam e que, com a colaboração de todos, podiam fazer uma mudança significativa.

A experiência de liderar a equipa de sustentabilidade e de criar o centro de inovação foi profundamente transformadora para Alejandra. Não só aprendeu sobre tecnologias e estratégias de sustentabilidade, como também desenvolveu competências de liderança, comunicação e trabalho em equipa. Conheceu pessoas incríveis, tanto no país como no estrangeiro, e viu em primeira mão o poder da colaboração para enfrentar os desafios ambientais.

Alejandra também começou a pensar em como poderia levar o modelo do centro de inovação a outras universidades e comunidades. Estava convencida de que o conhecimento devia ser partilhado e que o trabalho que tinham feito na sua universidade podia servir de inspiração para outros. Juntamente com a sua equipa, começou a desenvolver um guia sobre como criar centros de inovação em sustentabilidade, com base na sua experiência. Este guia seria distribuído a outras universidades e instituições interessadas em promover a sustentabilidade nas suas comunidades.

À medida que o centro de inovação continuava a crescer, Alejandra apercebeu-se de que a maior conquista não eram os projectos específicos que tinham levado a cabo, mas sim a mudança de mentalidade que estavam a provocar na comunidade universitária. Cada vez mais estudantes se interessavam pela sustentabilidade e estavam dispostos a fazer mudanças nas suas vidas para contribuir para um mundo melhor. Alejandra ficou muito satisfeita por ver como o seu trabalho estava a inspirar outros e como a universidade se estava a tornar um exemplo de sustentabilidade na região.

Um dos projectos mais recentes que Alejandra começou a desenvolver foi um programa de educação ambiental para as escolas locais. Alejandra queria levar às novas gerações o que tinham aprendido na universidade e garantir que as crianças e os jovens compreendiam a importância de cuidar do ambiente. Juntamente com uma equipa de voluntários, organizou workshops e actividades em diferentes escolas, ensinando aos alunos a reciclagem, a poupança de energia e a importância da biodiversidade. Alejandra ficou entusiasmada ao ver o entusiasmo das crianças e ao saber que estava a ajudar a formar uma nova geração de líderes empenhados na sustentabilidade.

Com o tempo, Alejandra começou a refletir sobre tudo o que tinha alcançado e sobre o caminho que tinha percorrido. Desde os seus primeiros dias na universidade, quando se questionava se poderia realmente fazer a diferença, até agora, quando liderava um centro de inovação e trabalhava com estudantes, professores e comunidades para promover a sustentabilidade. Alejandra apercebeu-se de que, embora os desafios fossem grandes, também o eram as oportunidades e que, com determinação, colaboração e paixão, era possível uma mudança positiva.

O percurso de Alejandra não tinha terminado; de facto, estava apenas a começar. Ela estava convencida de que o seu trabalho em prol da sustentabilidade iria continuar, não só na universidade, mas em todo o país e para além dele. Ela sabia que a mudança exigia tempo e esforço, mas também sabia que cada passo contava. Alejandra estava pronta para seguir em frente, inspirando outros, liderando projectos e trabalhando para um futuro mais sustentável para todos.

Conclusão

University Sustainability: Alejandra's Journey mostrou que a sustentabilidade não era apenas um conceito abstrato, mas um compromisso tangível que podia ser assumido por qualquer indivíduo no seu próprio contexto. Através das experiências de Alejandra, o livro explorou a forma como as decisões individuais, apoiadas por conhecimentos e esforços colectivos, podem transformar ambientes como uma universidade ou uma comunidade em exemplos concretos de acções ambientalmente responsáveis.

A história tornou claro que a influência pessoal pode transcender, tornando-se um catalisador para a mudança sistémica. Alejandra representou o poder da liderança empenhada, demonstrando que pequenos passos sustentados ao longo do tempo podem ter um impacto significativo quando baseados em princípios éticos e numa visão estratégica.

Nestas páginas, foram sintetizadas as principais aprendizagens e lançado um desafio: incorporar a sustentabilidade como um princípio orientador na vida académica, profissional e pessoal. Os exemplos e ferramentas apresentados não são meras ideias teóricas, mas demonstrações práticas de como cada ação, por mais pequena que seja, pode contribuir para os objectivos globais.

O livro termina com um poderoso lembrete: a mudança começou sempre com uma ideia e cresceu através de uma ação de colaboração. Ao fechar estas páginas, fica um convite implícito para que cada leitor reflicta sobre o seu próprio papel na construção de um futuro sustentável e considere como as suas escolhas podem fazer a diferença.

No passado, Alejandra iniciou esta viagem com dúvidas e incertezas; no presente, a sua história deixou uma lição transformadora: cada ação tem o potencial de moldar o futuro. Que lugar terá o leitor nesta narrativa colectiva? O futuro, como este livro sugere, será sempre determinado pelas decisões daqueles que ousam agir.

Referências

Borrello, M., Caracciolo, F., Lombardi, A., Pascucci, S., & Cembalo, L. (2017). Perspetiva dos consumidores sobre a estratégia de economia circular para reduzir o desperdício alimentar. *Sustainability,* *9*(1), 141. https://doi.org/10.3390/su9010141. https://doi.org/10.3390/su9010141

Ceballos, G., Ehrlich, P. R., & Dirzo, R. (2017). Aniquilação biológica por meio da sexta extinção em massa em curso, sinalizada por perdas e declínios da população de vertebrados. *Proceedings of the National Academy of Sciences, 114*(30), E6089-E6096. https://doi.org/10.1073/pnas.1704949114

Administração da Informação sobre Energia (EIA). (2020). Energias renováveis na América Central. https://www.eia.gov/renewable/

García, A. (2019). A importância da educação ambiental no contexto universitário. *Revista de Educação Sustentável, 12(*3), 112-125.

Geistdörfer, M., Savaget, P., Bocken, N. M. P., & Hultink, E. J. (2017). A economia circular - Um novo paradigma de sustentabilidade? *Journal of Cleaner Production, 143*, 757-768. https://doi.org/10.1016/j.jclepro.2016.12.048

Goldstein, N. (2021). Compostagem e seu impacto nas comunidades urbanas. *Environmental Science & Policy, 120*, 98-104.

Painel Intergovernamental sobre as Alterações Climáticas (IPCC). (2018). Aquecimento global de 1,5°C. https://www.ipcc.ch/sr15/

Agência Internacional para as Energias Renováveis (IRENA). (2020). Estatísticas das energias renováveis 2020. https://www.irena.org

Lovins, A. B. (2018). Eficiência energética: A base essencial de um futuro energético sustentável. *Energy Efficiency Journal, 11*(4), 993-1005.

Morales, R. (2019). Aplicação da economia circular a nível universitário. *Revista de Estudos Ambientais, 8*(2), 45-62.

Nações Unidas (2015). Objectivos de Desenvolvimento Sustentável. https://www.un.org/sustainabledevelopment/es/

Organização Mundial da Saúde (OMS). (2018). Alterações climáticas e saúde. https://www.who.int/es/news-room/fact-sheets/detail/climate-change-and-health

Senge, P. (2006). *A quinta disciplina: A arte e a prática da organização que aprende*. Granica.

Programa das Nações Unidas para o Ambiente (PNUA) (2020). A juventude e o ambiente: envolver os jovens na sustentabilidade. https://www.unep.org/youth-sustainability

Andrews, L. (2018). *Educar para a sustentabilidade: Estratégias para inspirar a mudança nos currículos universitários*. Springer.

Bocken, N. M. P., Short, S. W., Rana, P., & Evans, S. (2014). Uma revisão da literatura e da prática para desenvolver arquétipos de modelos de negócios sustentáveis. *Journal of Cleaner Production, 65*, 42-56. https://doi.org/10.1016/j.jclepro.2013.11.039

Brown, L. R. (2019). *The great transition: Shifting from fossil fuels to solar and wind energy (A grande transição: Passar dos combustíveis fósseis para a energia solar e eólica)*. Earthscan.

Costanza, R., Fisher, B., Ali, S., Beer, C., & Bond, L. (2007). Quality of life: An approach integrating opportunities, human needs, and subjective well-being (Qualidade de vida: uma abordagem que integra oportunidades, necessidades humanas e bem-estar subjetivo). *Ecological Economics, 61*(2-3), 267-276. https://doi.org/10.1016/j.ecolecon.2006.02.023

Densham, M., & Jones, L. (2017). *Compreender a energia renovável: da tecnologia à política*. Routledge.

Elkington, J. (1999). *Cannibals with forks: The triple bottom line of 21st century business*. Capstone Publishing.

García, L., & Sánchez, A. (2020). A transição para as energias renováveis na América Latina: Desafios e oportunidades. *Revista de Energia e Mudanças Climáticas, 15*(4), 89-103.

George, A. (2015). *Energy independence: Achieving sustainable energy for the future* [*Independência energética: Conseguir uma energia sustentável para o futuro*]. University Press.

Fundo Mundial para o Ambiente (GEF). (2021). Soluções para as alterações climáticas e as energias renováveis. https://www.thegef.org/topics/climate-change

Goleman, D. (2009). *Ecologia Emocional: O impacto das nossas emoções no meio ambiente*. Editorial Kairós.

Jørgensen, M. S., & Remmen, A. (2015). Circular economy: Conceptual clarifications and its application to the energy transition. *Journal of Sustainable Development, 12*(1), 115-127. https://doi.org/10.1080/21683565.2015.1051437

Kapoor, A., & Kaul, R. (2019). Economia circular no contexto das energias renováveis e da sustentabilidade ambiental. *Renewable and Sustainable Energy Reviews, 107*, 324-331. https://doi.org/10.1016/j.rser.2019.02.037

Krzywoszynska, A. (2018). Sustentabilidade urbana e a economia circular. *Environmental Sociology, 4*(2), 204-220. https://doi.org/10.1080/23251042.2018.1474190

Lacy, P., & Rutqvist, J. (2015). *Waste to wealth: The circular economy advantage*. Palgrave Macmillan.

Larsen, M., & Brunstad, O. (2019). *Sustentabilidade e a economia global: O papel das energias renováveis*. Imprensa académica.

Lele, S. (2018). *Construindo instituições sustentáveis para o desenvolvimento global de energia renovável*. Wiley-Blackwell.

OCDE (2020). A economia circular e o ambiente: uma visão geral. *Documentos de política ambiental da OCDE, 20. https://www.*oecd.org/environment/circular-economy/

Perez, C., & Oliveira, R. (2019). O papel da educação para a sustentabilidade nos currículos universitários: Desenvolvendo uma abordagem interdisciplinar. *Journal of Environmental Education, 50*(1), 60-74. https://doi.org/10.1080/00958964.2018.1521442

Sachs, J. (2015). *A era do desenvolvimento sustentável*. Columbia University Press.

Schmidt, K., & Vachon, M. (2017). Estratégias de negócios para a sustentabilidade em indústrias de energia renovável. *Environmental Impact Assessment Review, 64*, 49-55. https://doi.org/10.1016/j.eiar.2017.03.004

Convenção-Quadro das Nações Unidas sobre Alterações Climáticas (UNFCCC) (2021). Energias renováveis e ação climática. https://unfccc.int/topics/renewable-energy

Wilson, M., & James, D. (2016). *Política ambiental: novas direcções para o desenvolvimento sustentável*. Cambridge University Press.

MIX
Papier aus verantwortungsvollen Quellen
Paper from responsible sources
FSC® C105338

Printed by Books on Demand GmbH, Norderstedt / Germany